宝宝的数学

宝宝的非欧几何

〔美〕麦克·兹尼提 著 宝蛋社 译

中国科学技术大学出版社

图书在版编目(CIP)数据

宝宝的非欧几何/(美)麦克·兹尼提(Michael Ziniti)著;宝蛋社译.—合肥:中国科学技术大学出版社,2018.1(2023.1 重印)

(宝宝的数学)

ISBN 978-7-312-04185-3

Ⅰ.宝…　Ⅱ.①麦… ②宝…　Ⅲ.非欧几何—儿童读物　Ⅳ.O184-49

中国版本图书馆 CIP 数据核字(2017)第 060792 号

出版　中国科学技术大学出版社
安徽省合肥市金寨路 96 号,230026
http://press.ustc.edu.cn
https://zgkxjsdxcbs.tmall.com

印刷　鹤山雅图仕印刷有限公司

发行　中国科学技术大学出版社

开本　889 mm×1194 mm　1/24

印张　1.5

字数　29 千

版次　2018 年 1 月第 1 版

印次　2023 年 1 月第 2 次印刷

定价　30.00 元

这是一个**蓝色**的点。

This is a **blue** point.

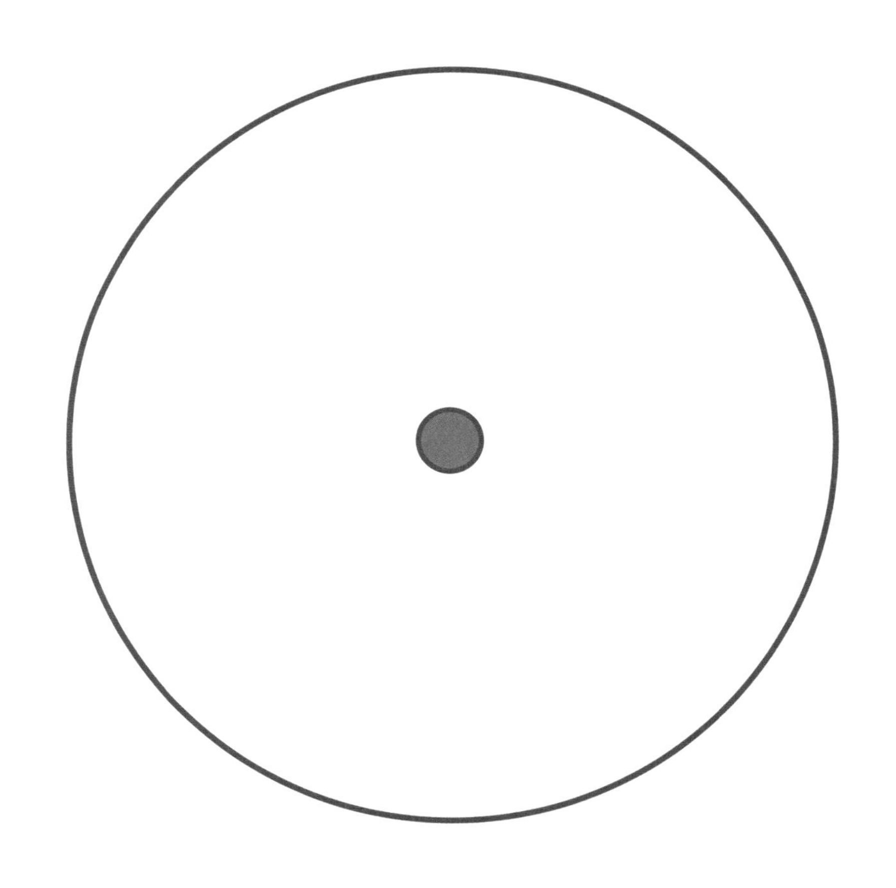

你可以在蓝色的点周围画一个蓝色的圆。

You can draw a **blue** circle around a **blue** point.

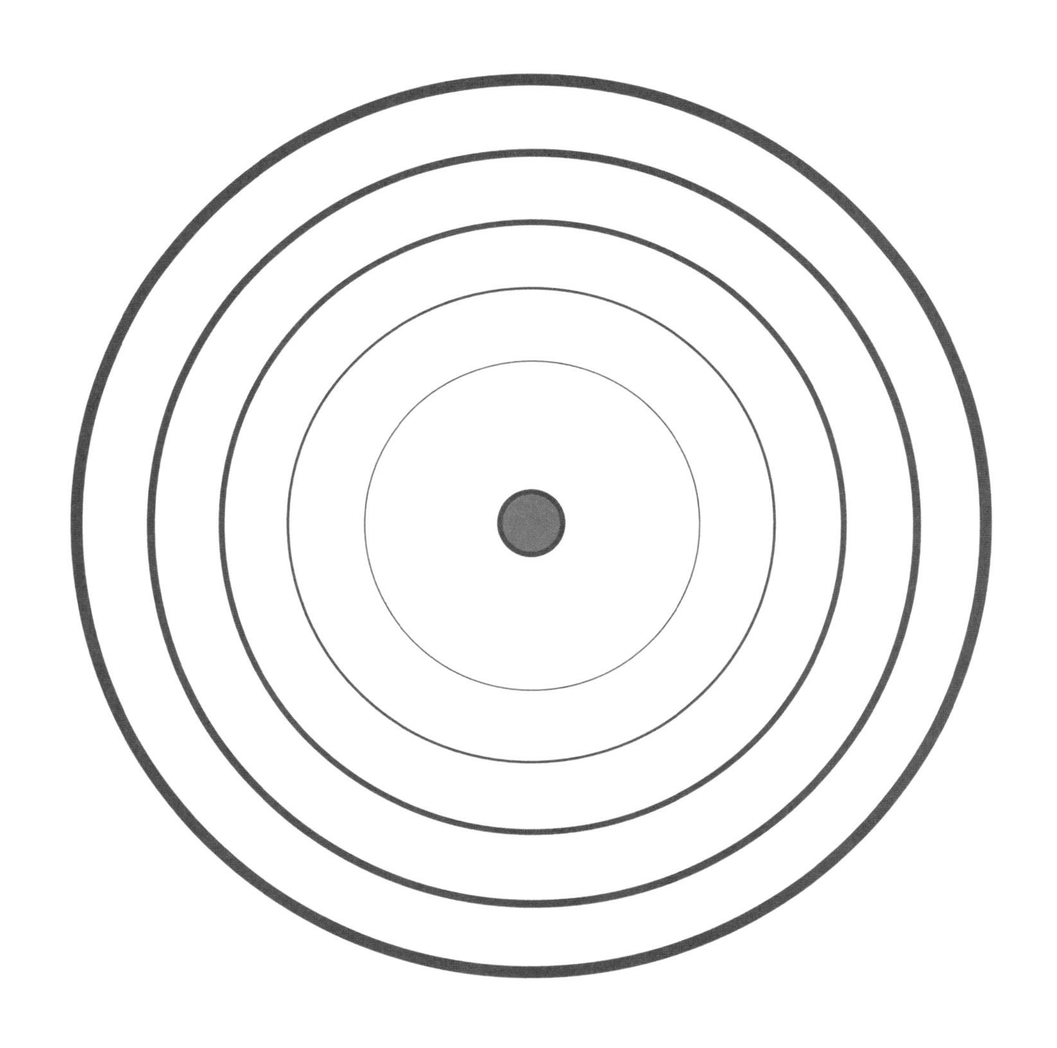

你可以在**蓝色**的点周围画很多个**蓝色**的圆。

You can draw many **blue** circles around a **blue** point.

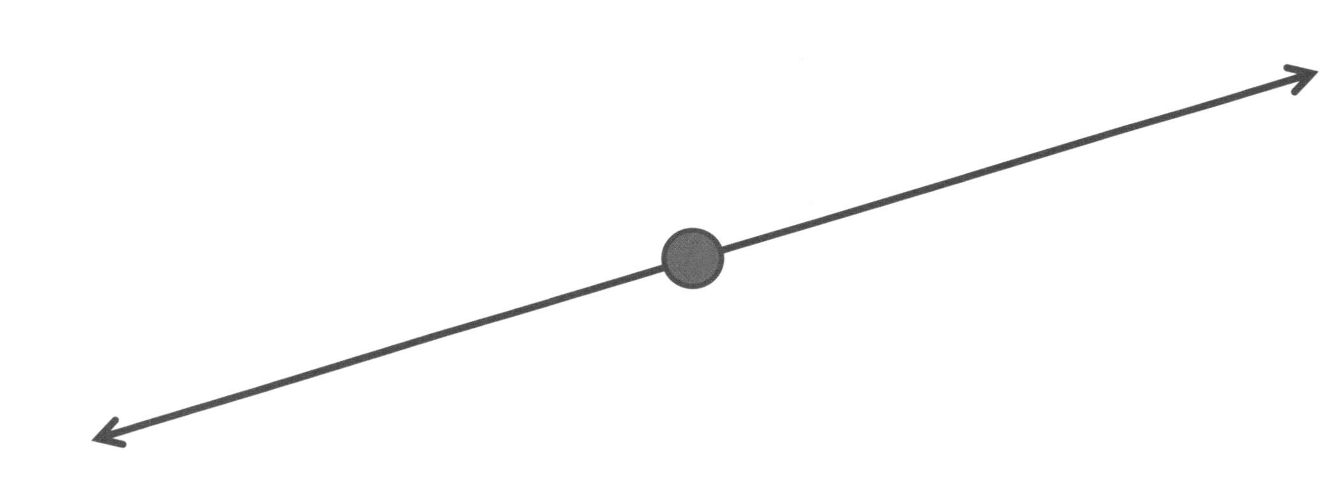

你可以画一条蓝色的直线穿过蓝色的点。

You can draw a **blue** line through a **blue** point.

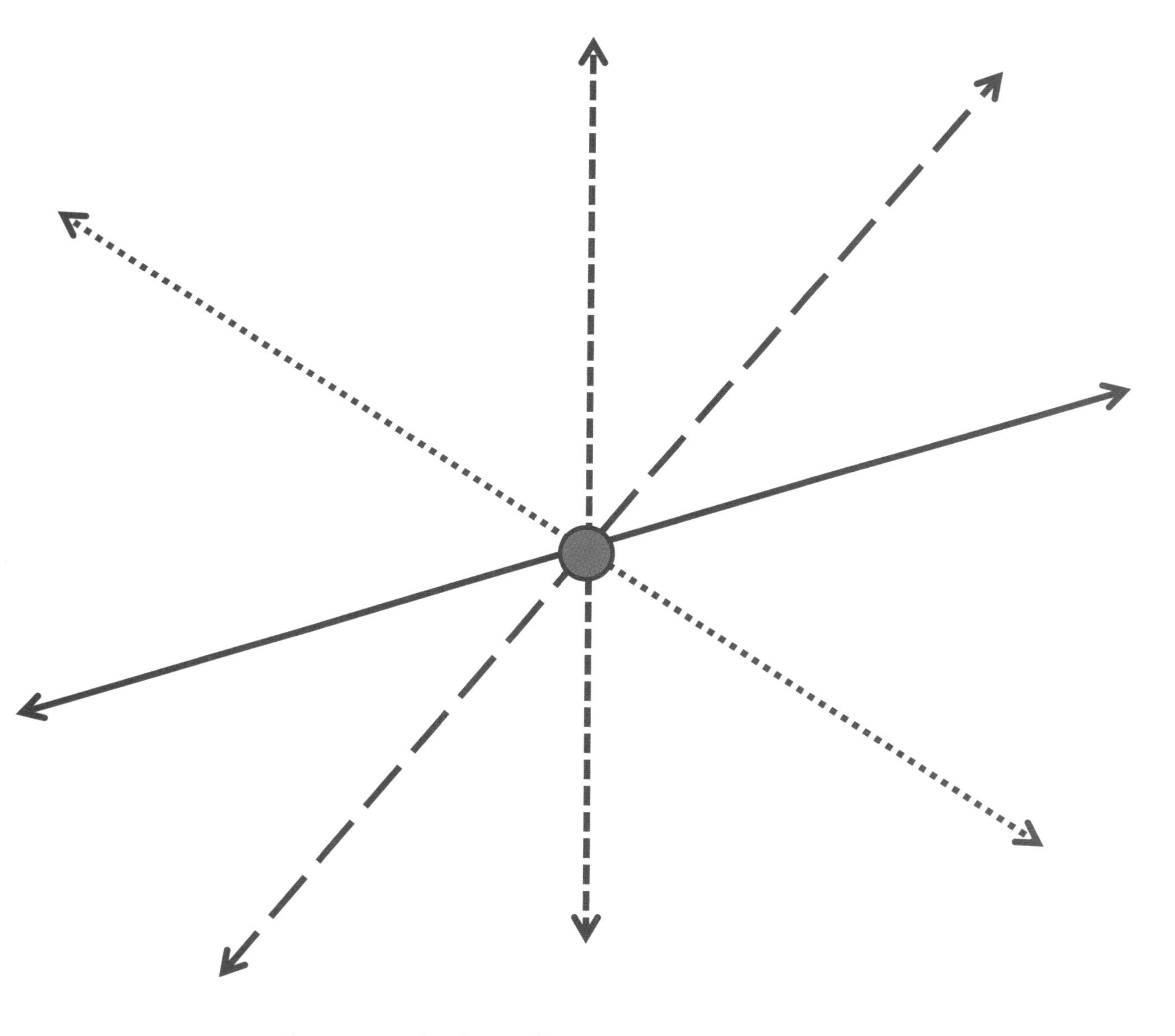

你可以画很多条**蓝色**的直线穿过**蓝色**的点。

You can draw many **blue** lines through a **blue** point.

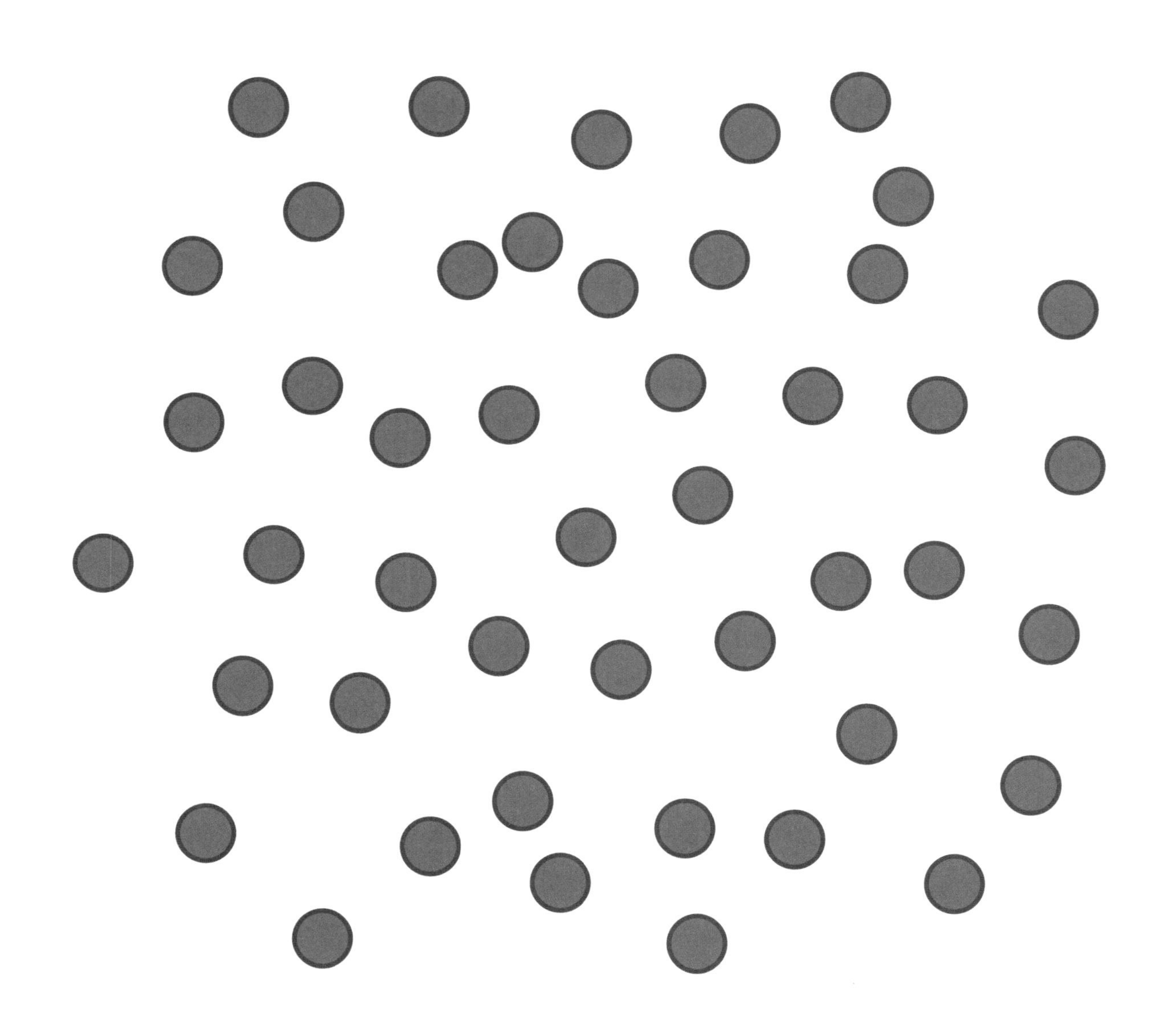

这里有多到数不清的**蓝色**的点！

There are more **blue** points than you can count!

点当然可以不是蓝色的。

Points do not have to be **blue**, though.

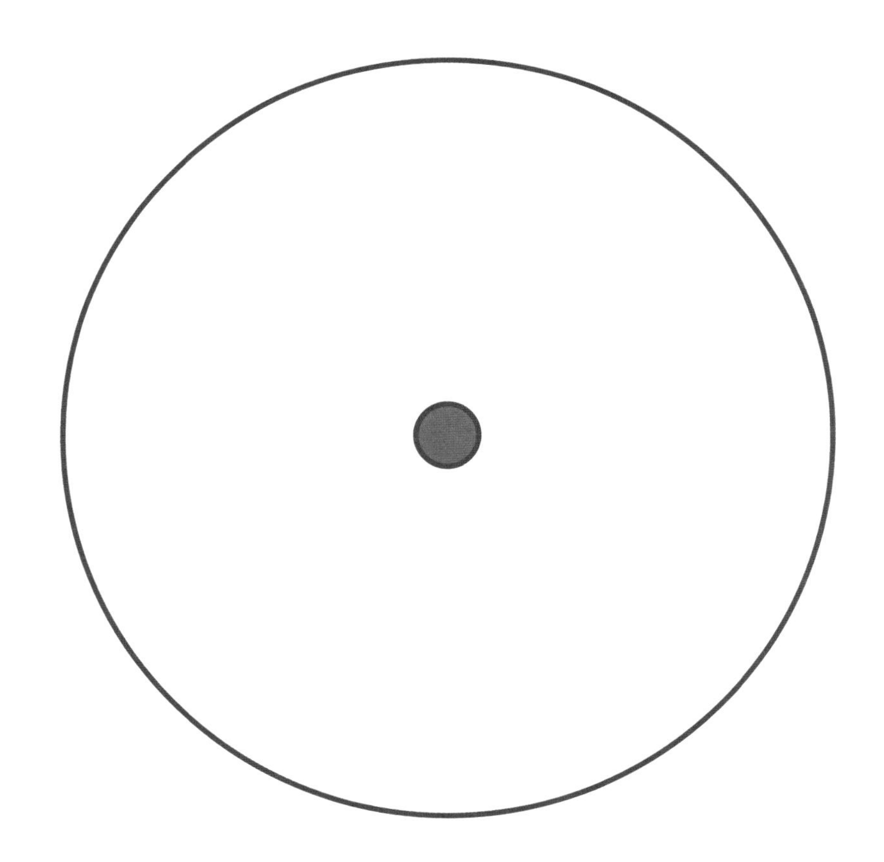

你可以画红色的点和红色的圆。

You can make **red** points and **red** circles.

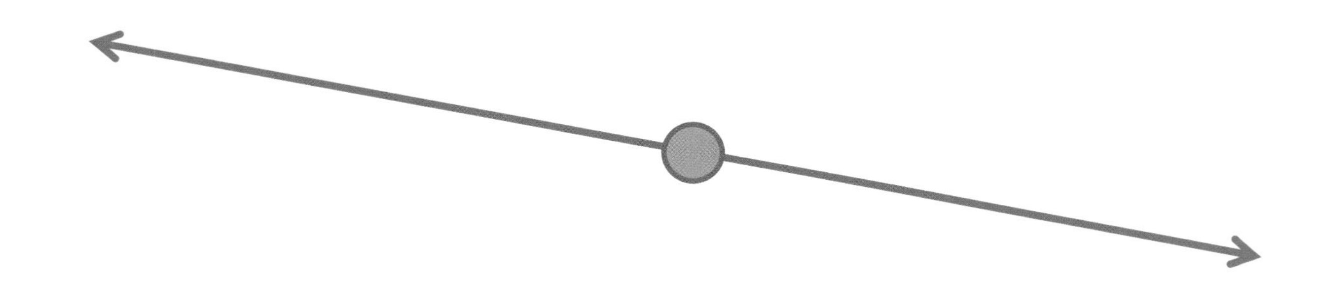

你可以画绿色的点和绿色的直线。

You can make **green** points and **green** lines.

你可以画黄色的点、橙色的点、紫色的点和粉红色的点，

You can make **yellow** points and **orange** points and **purple** points and **pink** points,

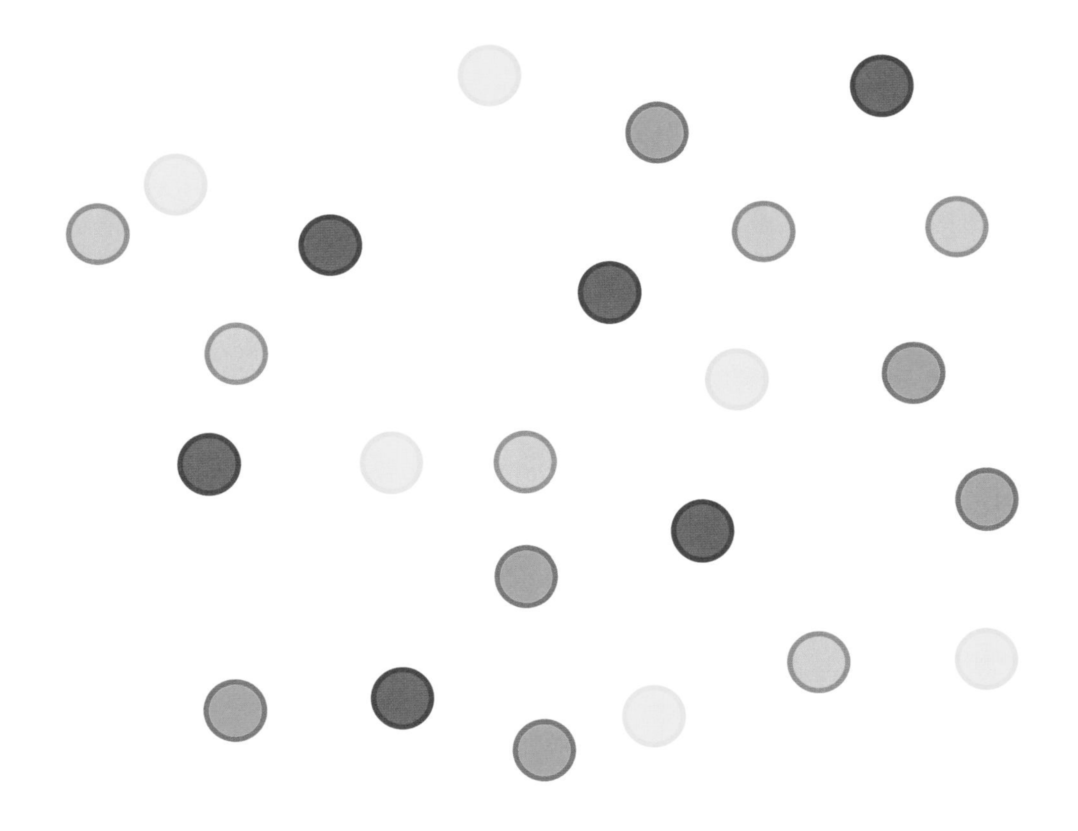

你也可以想画多少就画多少圆和直线。

and you can make as many circles and lines as you want.

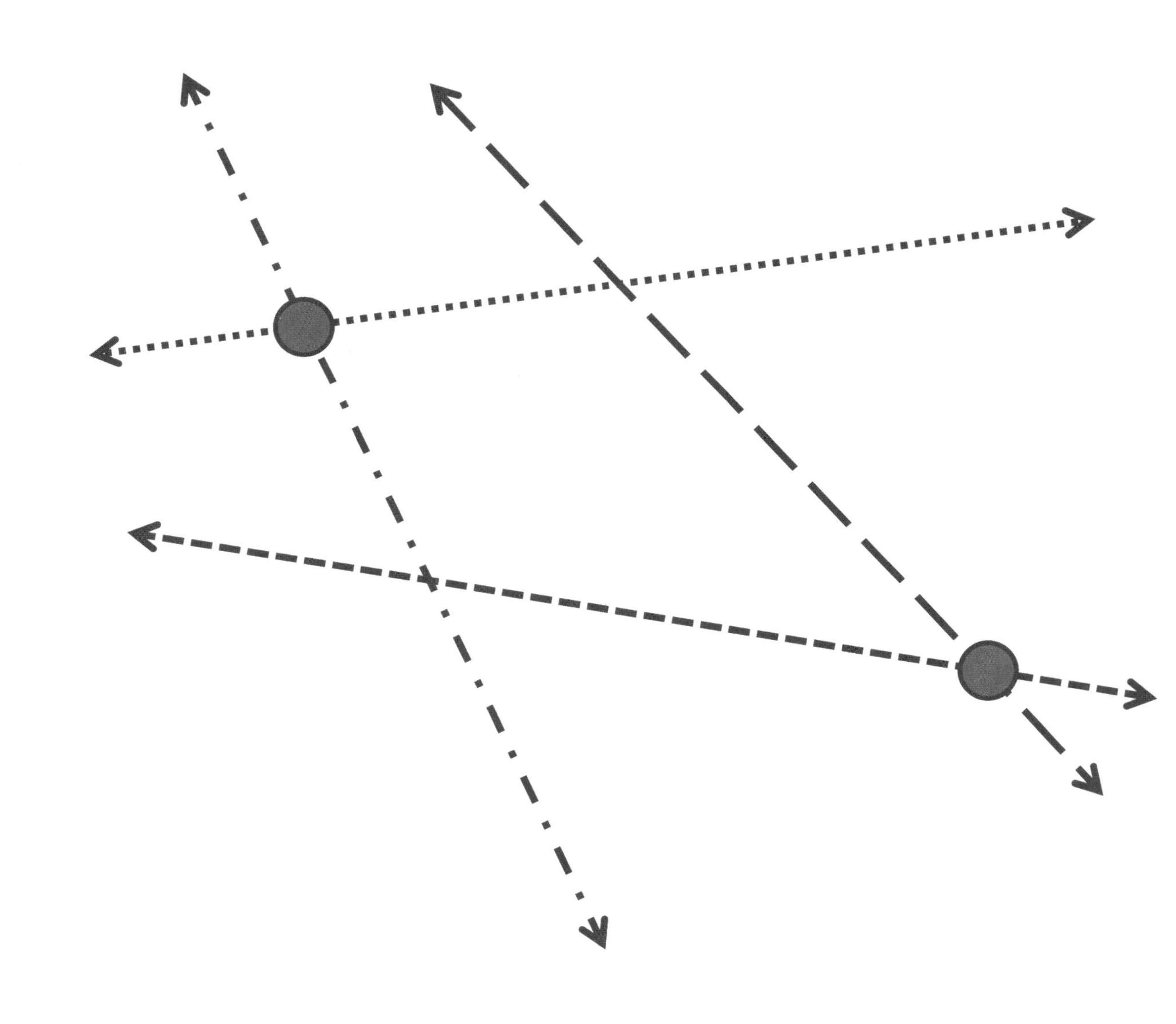

你可以画很多条红色的直线通过这两个红色的点之一。

You can draw many **red** lines through these two **red** points.

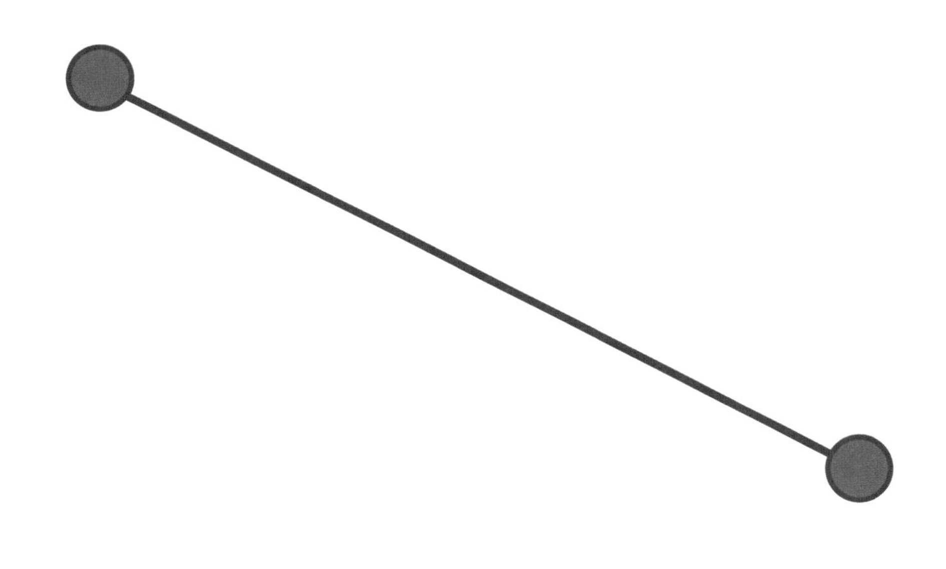

但是只有一条红色的直线，能恰好连接两个红色的点。

But there is only one **red** line that connects both **red** points.

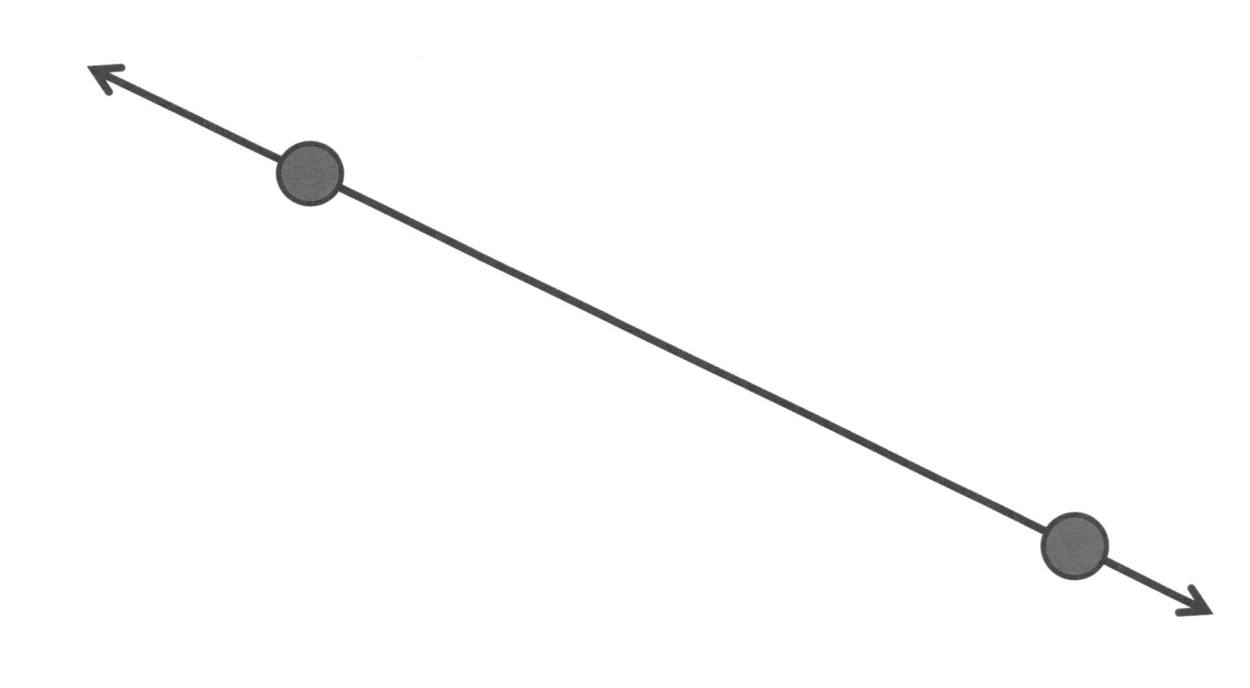

红色的直线在两端无限延伸。

The **red** line goes on forever on both ends.

你可以只画出一些直线，而不画出点。

You can draw lines without drawing the points.

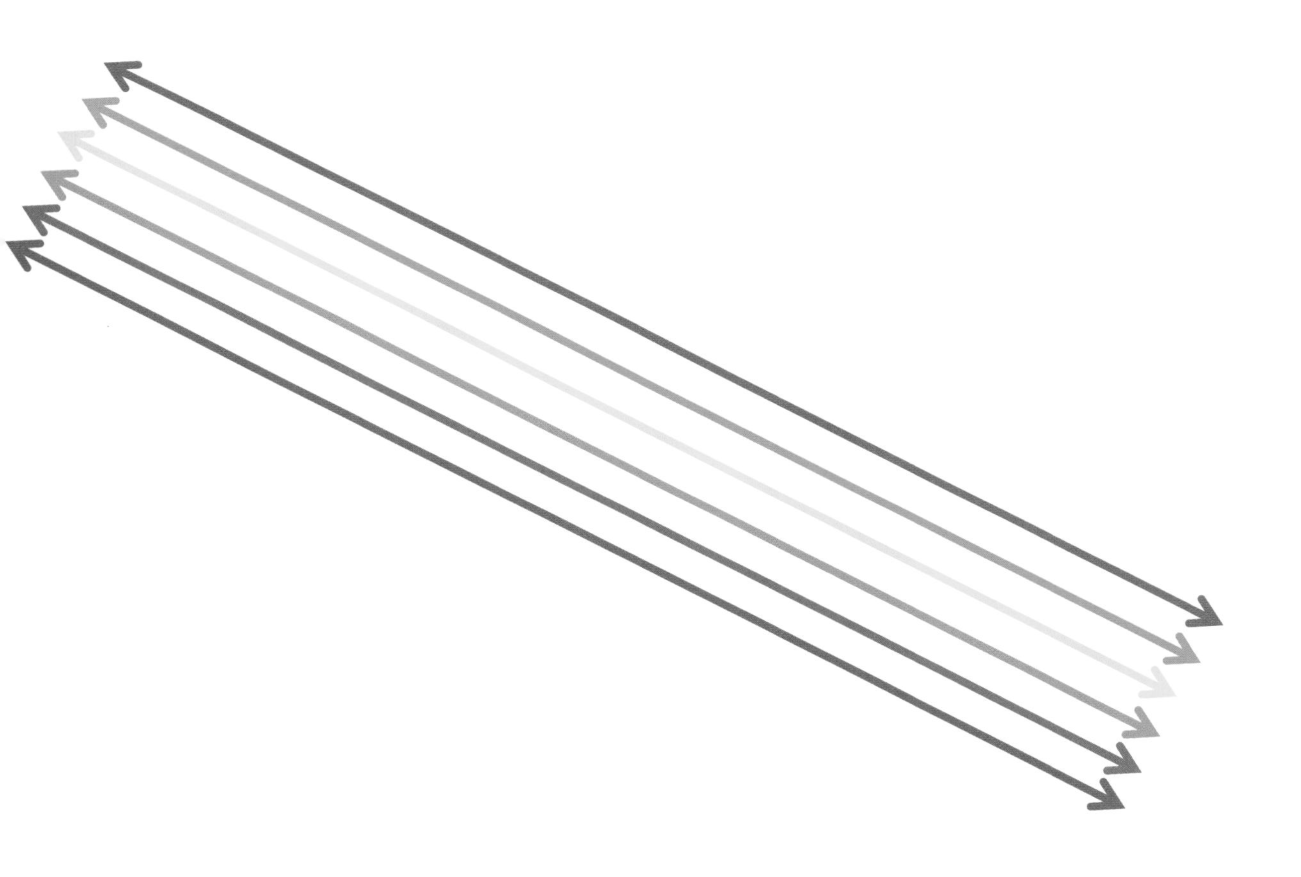

这些直线看起来像彩虹。

These lines look like a rainbow.

当两条直线相交时，它们形成四个角。

When lines cross they make four angles.

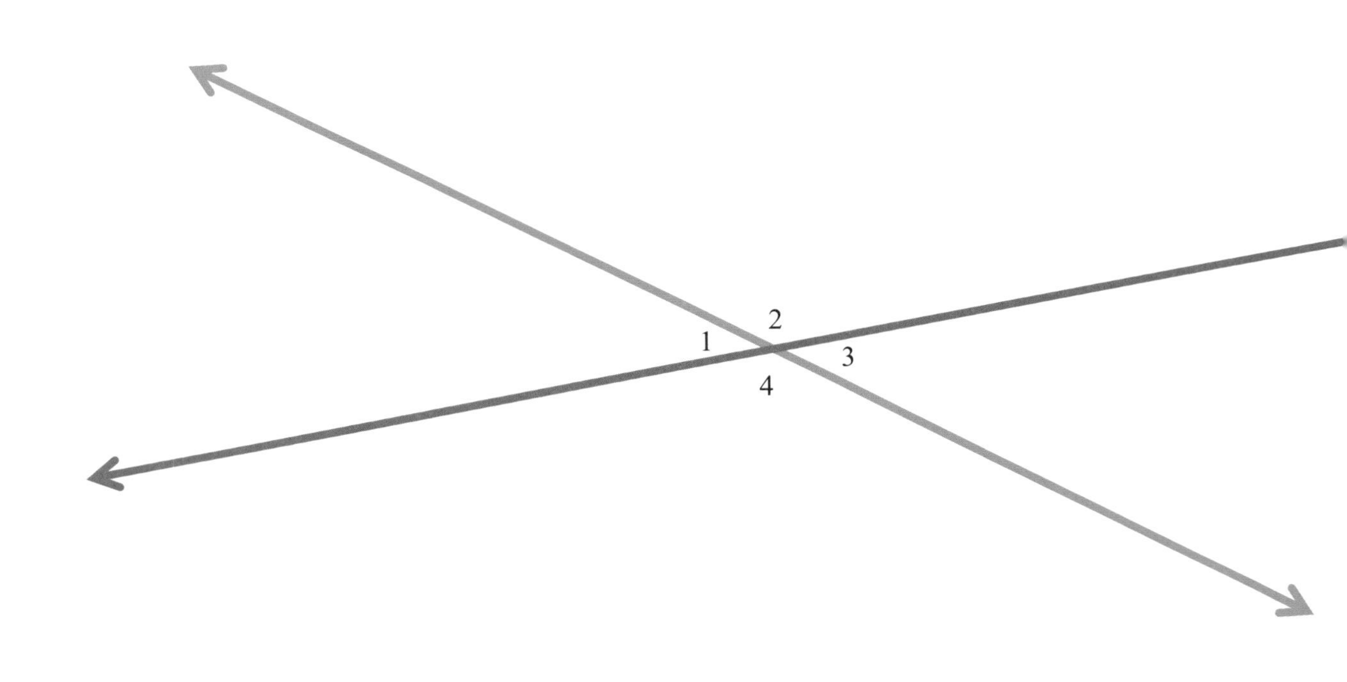

角1是一个可爱的小小的角。

Angle one is a cute little angle.

当两条直线相交形成的四个角大小一样时，我们称这两条直线相互**垂直**。

When two lines cross and make four angles that are all the same, the lines are called **perpendicular** lines.

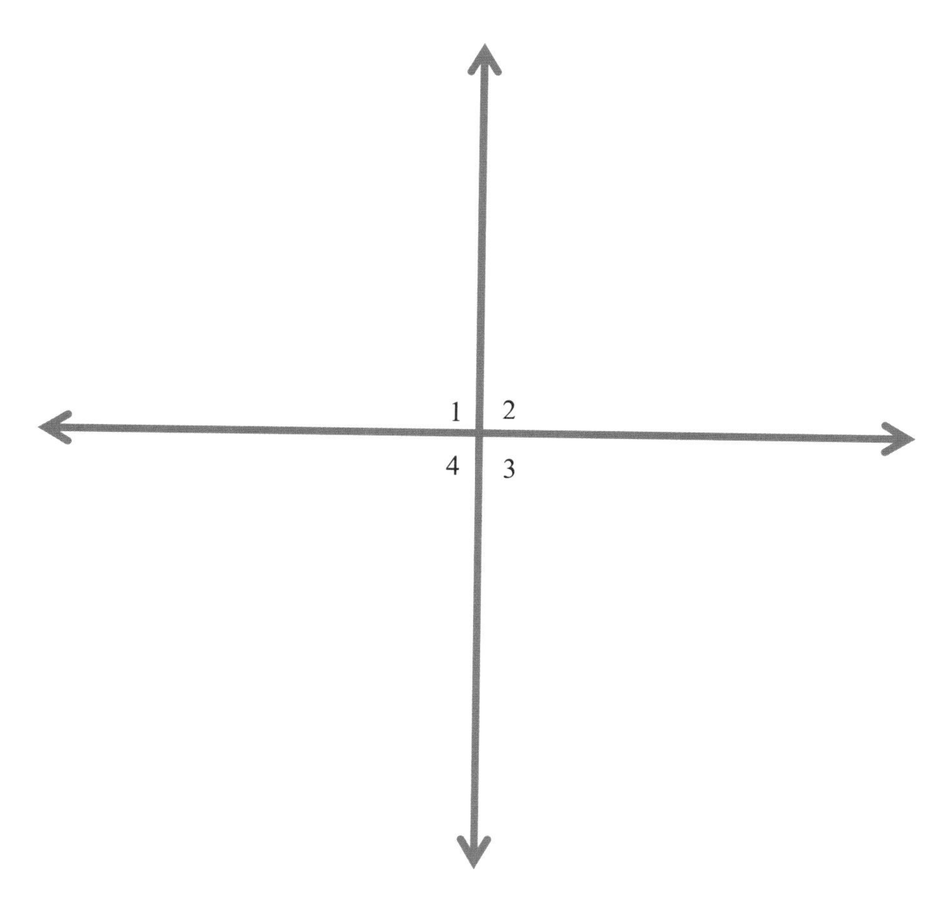

这四个角看上去不错(看上去都是直角)!

Those four angles look all right to me.

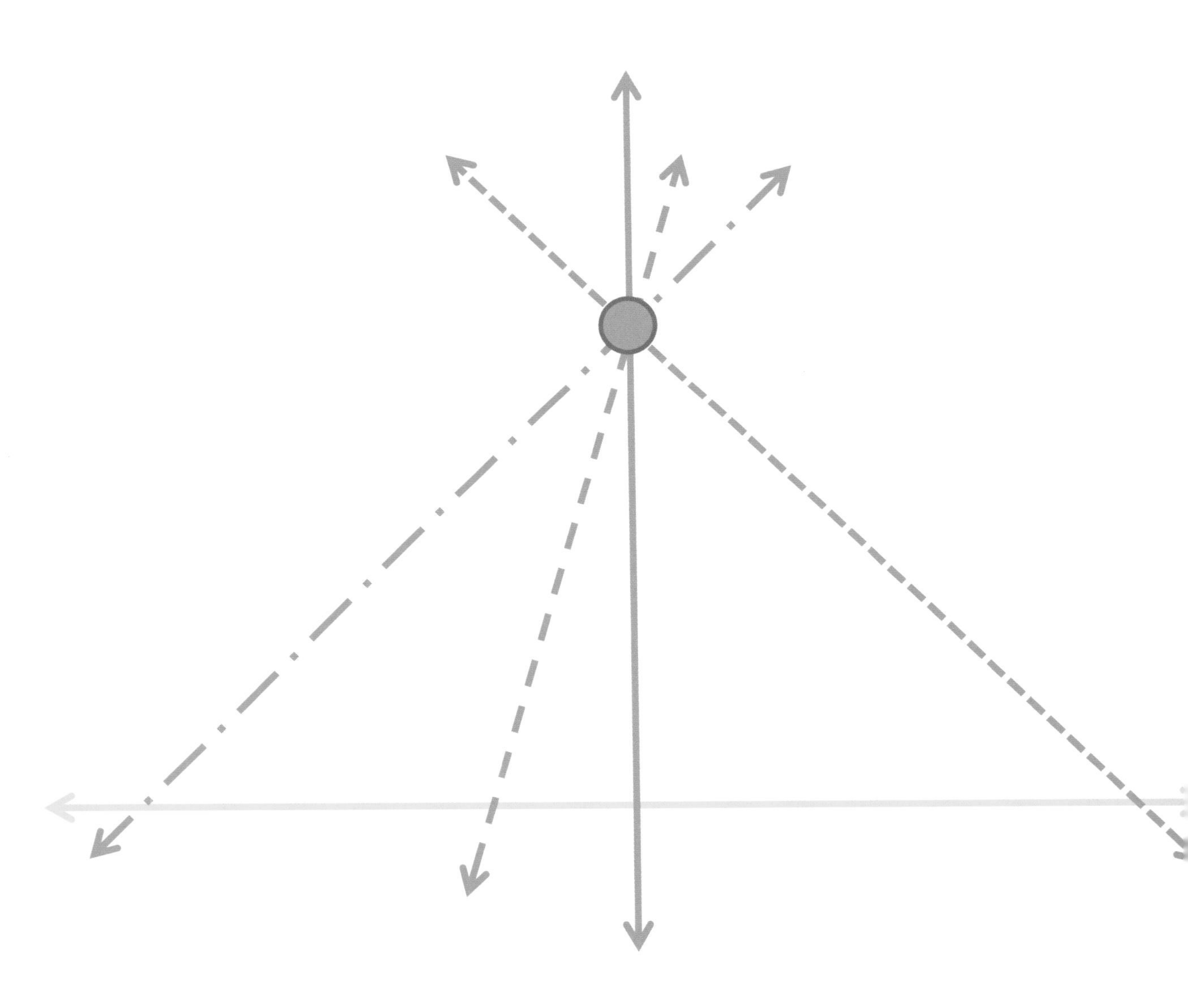

你可以画许多条绿线都和黄线相交。

You can draw many **green** lines that cross the **yellow** line.

但其中只有一条绿线能和黄线垂直。

Only one of those **green** lines can be perpendicular to the **yellow** line, though.

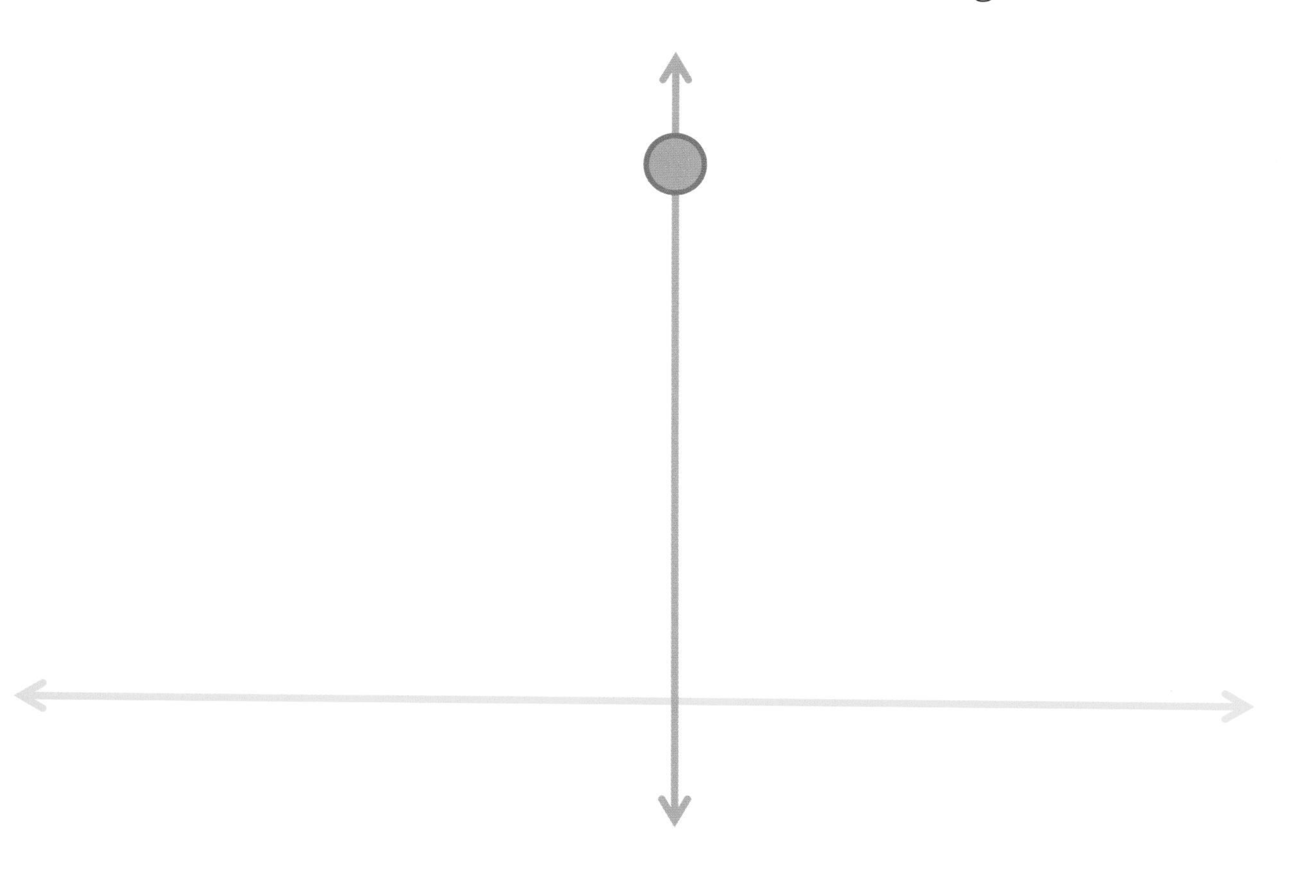

你可以画多少条和黄线不相交的绿线呢?

How many **green** lines can you draw that do not cross the **yellow** line?

欧几里得说答案是唯一一条绿线。

Euclid said the answer was one **green** line.

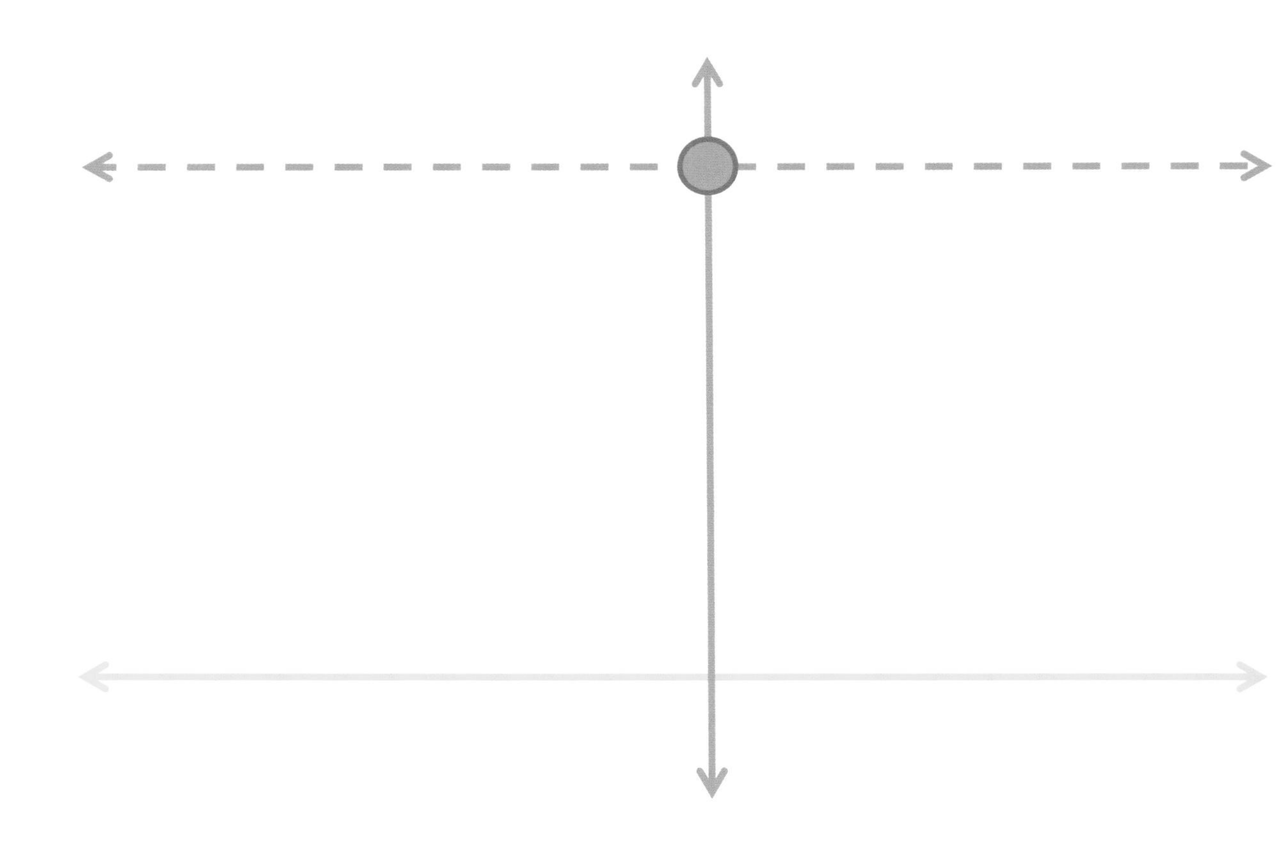

欧几里得称不相交的两条直线为**平行**线。

Euclid called lines that do not cross **parallel** lines.

但是如果欧几里得是错的呢?

But what if Euclid was wrong?

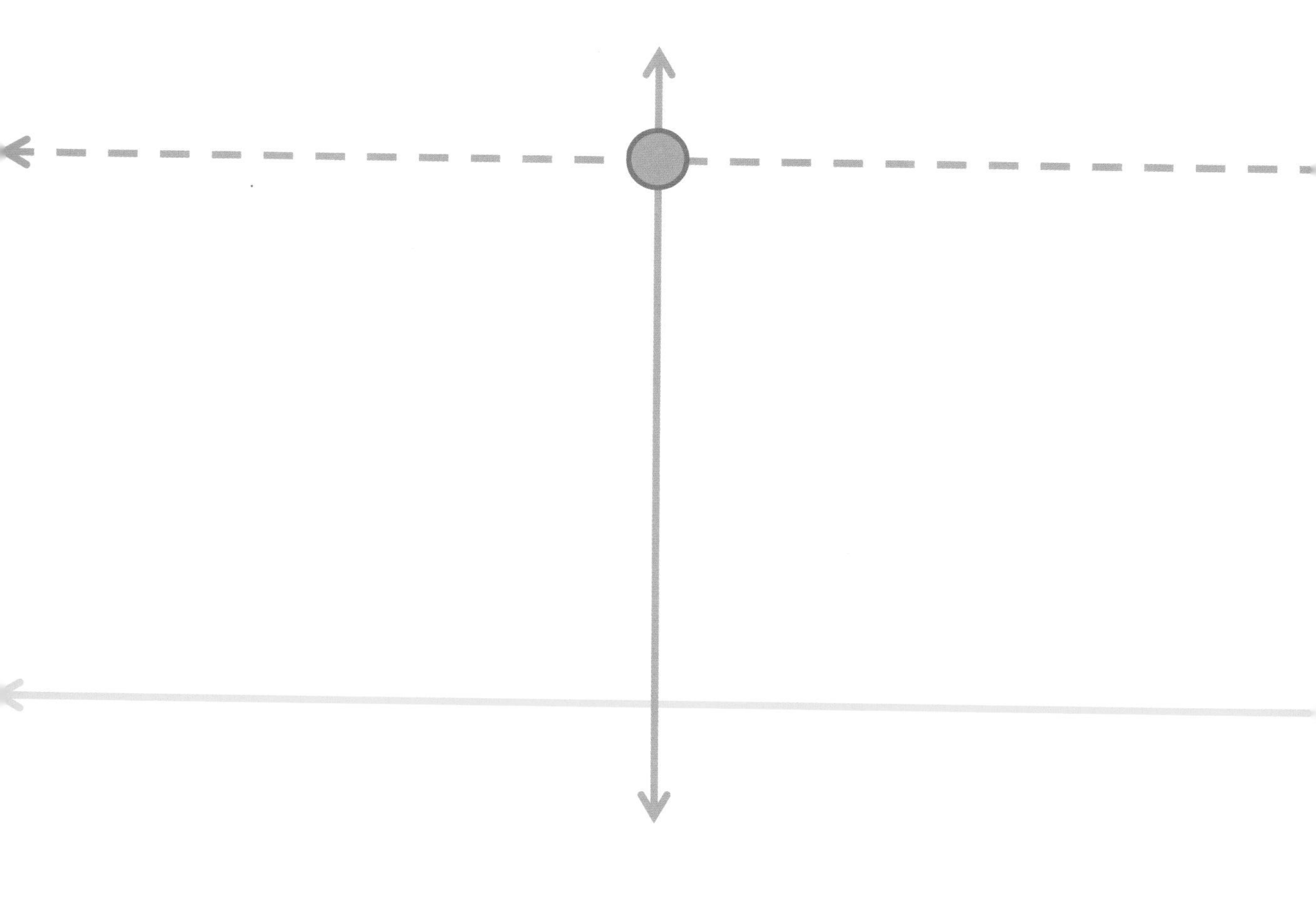

如果看上去平行的两条直线……

What if lines that look parallel ...

……最终总是相交呢?

... always cross eventually?

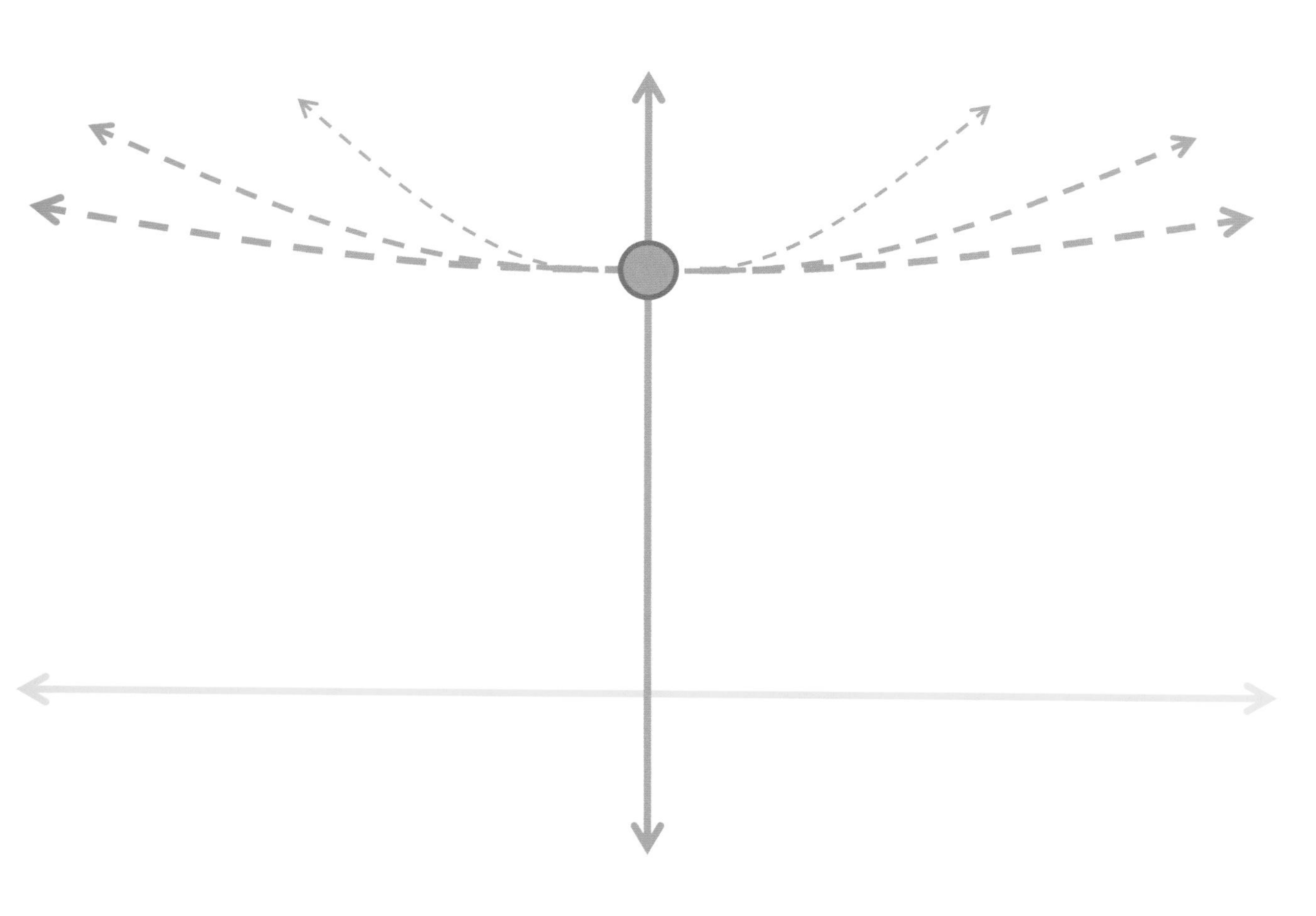

又或者有一束绿线都和黄线不相交呢?

What if there are a bunch of **green** lines
that do not cross the **yellow** line?

等一下！
那些
线
并不是
直的！

Wait a minute! Those lines are not straight!

（你是个非常聪明的宝宝。）

(You are a very smart baby.)

你习惯于观察那些画在平面上的直线，例如画在书的纸页上的。

You are used to seeing straight lines drawn on a flat surface, like the pages of a book.

但是有些表面并不是平坦的。

Some surfaces are not flat, though.

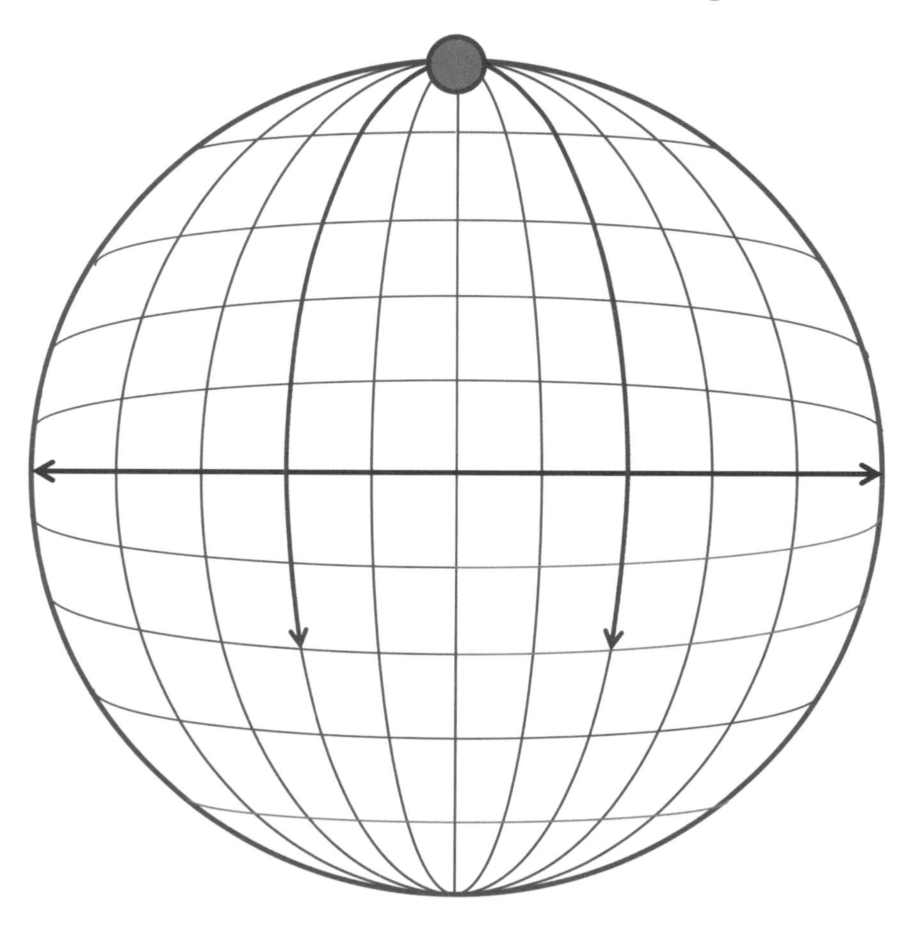

这个球面就是一种弯曲的表面。

This ball is curved one way.

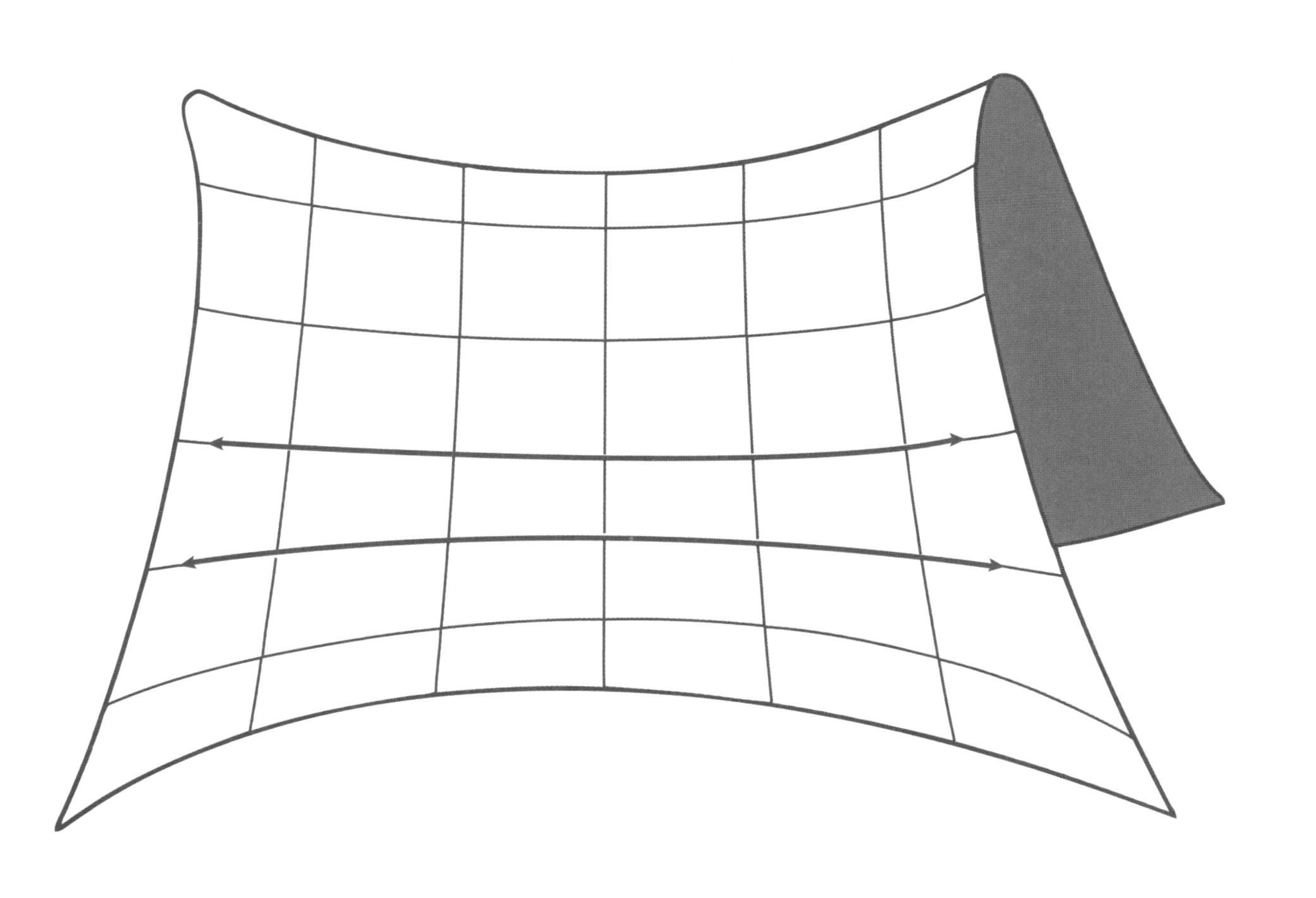

这个毯子是另一种弯曲的表面。

This blanket is curved the other way.

如果一个表面是弯曲的，图形看上去就会很不同。

When surfaces are curved, shapes can look a bit different.

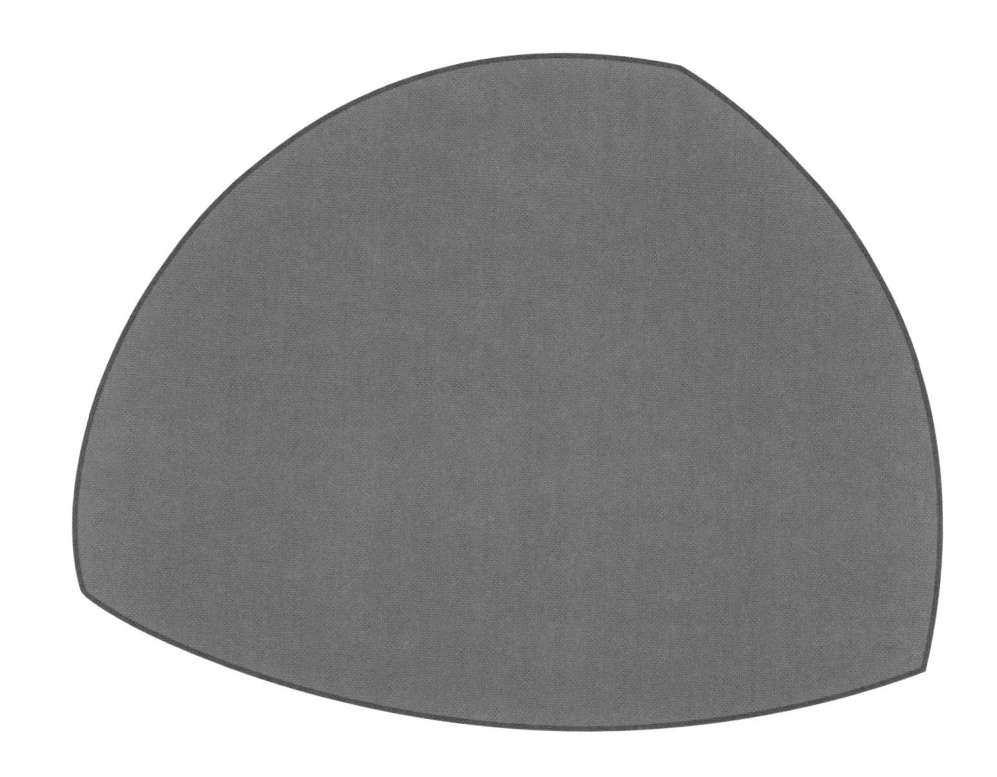

在球面上，一个紫色的三角形看上去是这样的，

On a ball, a **purple** triangle might look like this,

一个**橙色**的长方形可能是这样的！

and an **orange** rectangle might look like this!

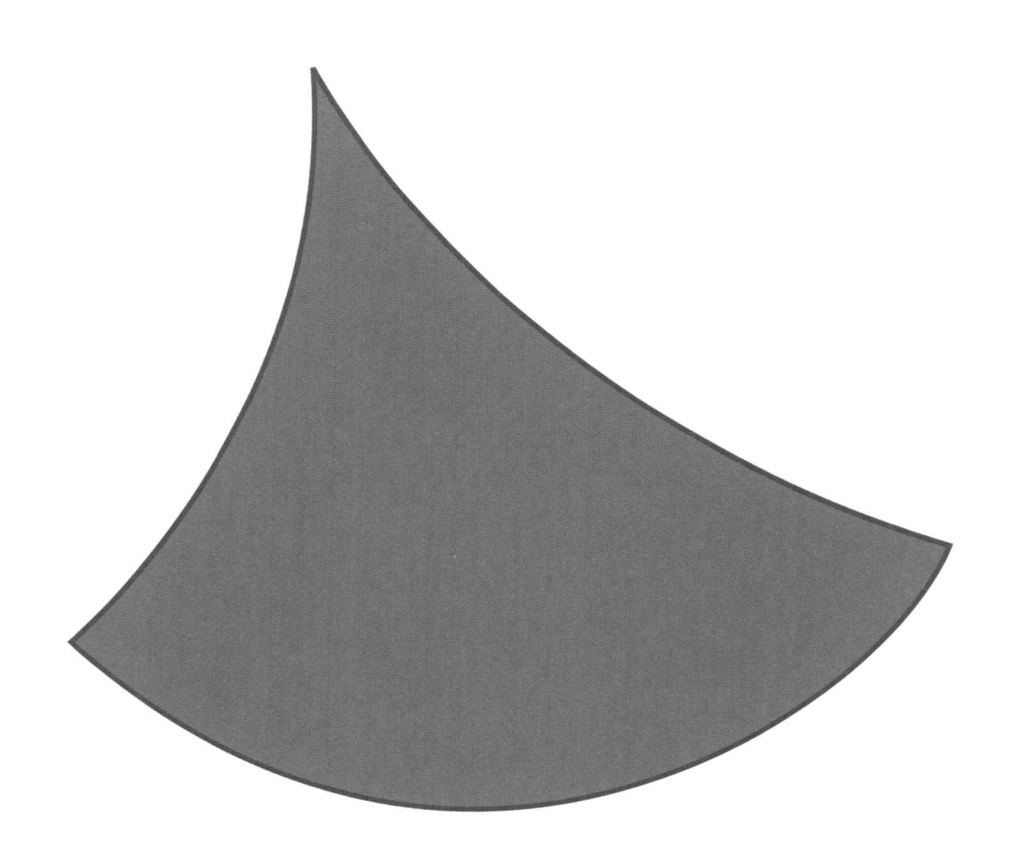

在毯子曲面上，一个**红色**的三角形也许像这样，

On a blanket, a **red** triangle might look like this,

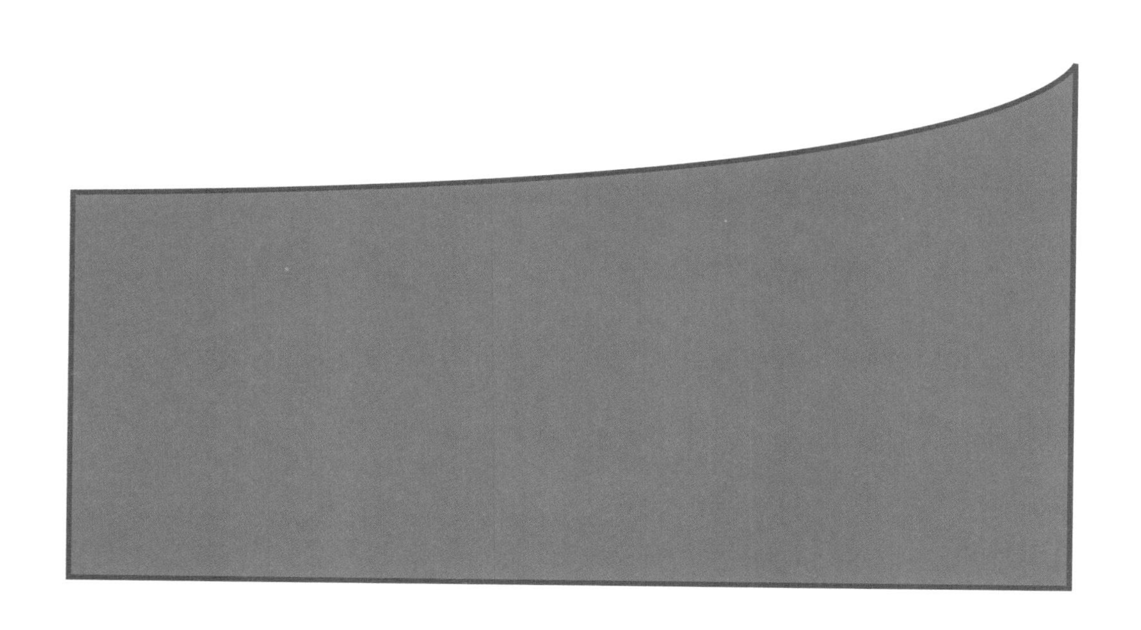

一个蓝色的长方形可能像这样!

and a **blue** rectangle might look like this!

也许现在我们可以说欧几里得是正确的。

Maybe for now we should say that Euclid was right.

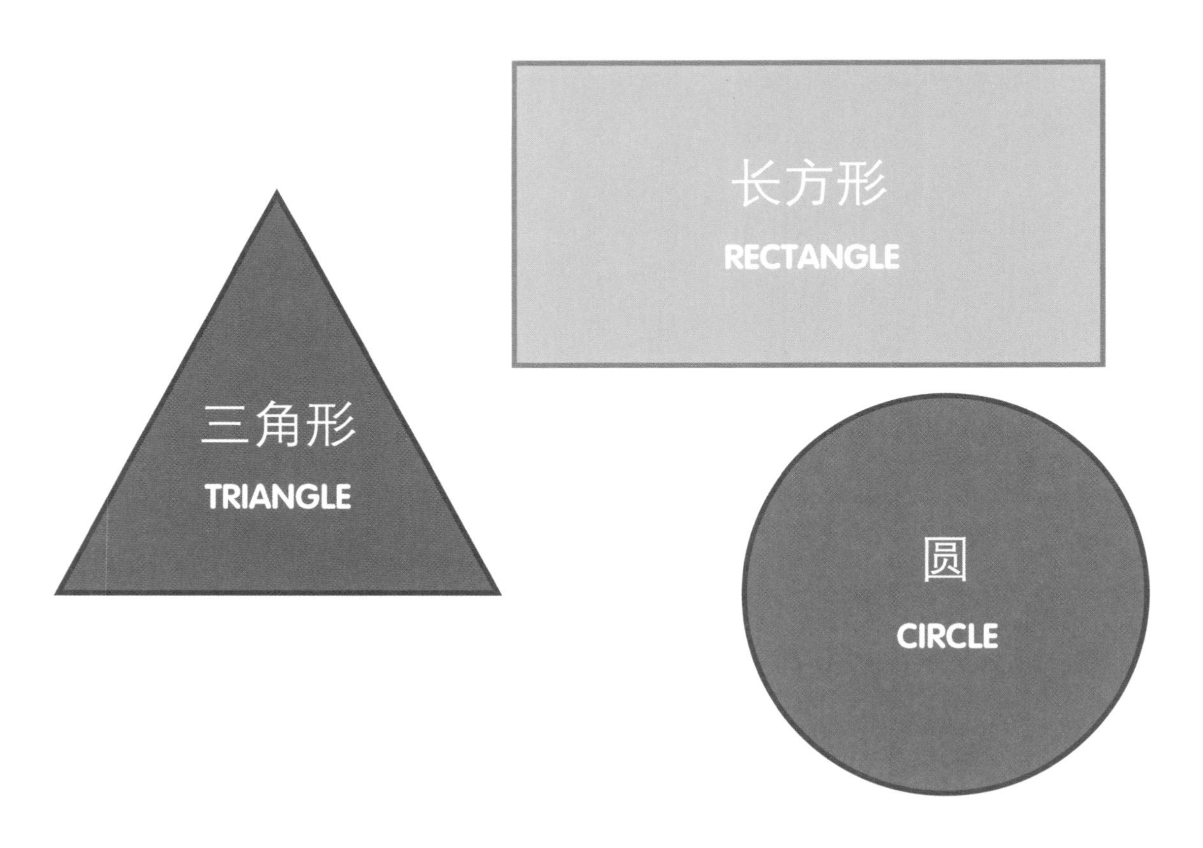

如果有人问你，这些就是相应的图形。

If anyone asks, these are your shapes.

并且平行线永不相交。

And parallel lines never cross.

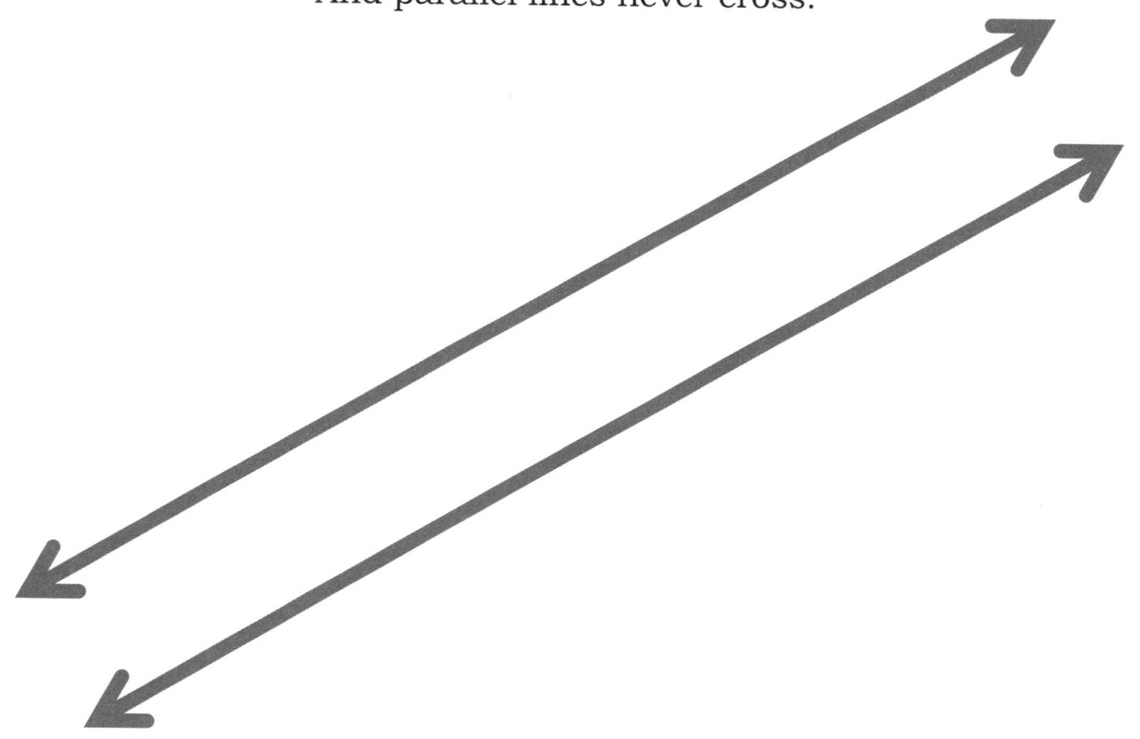

当你长大了，你会学到更多。
当你准备好了，数学会等着你。

When you are a little older, you can learn more.
When you are ready, math will be waiting for you.